Descalza en Tegucigalpa

Thiara Marcell Flores

# DESCALZA EN TEGUCIGALPA

## PREMIO UNIVERSITARIO DE POESÍA AMANDA CASTRO

UNAH
UNIVERSIDAD NACIONAL
AUTÓNOMA DE HONDURAS

# En Tegucigalpa

En Tegucigalpa está lloviendo.
Y mientras hundo mis sandalias en los charcos,
los perros me ladran

Creo que me parezco a la lombriz
que se tuerce en el lodo.
Retrocedo para evitar aplastarla,
no quiero volver a morir aquí en Tegucigalpa.

El humo de las calles alimenta mis pulmones.
El niño que las cruza no sabe si llegará a casa.

He roto mi espejo dimensional.
Nadie comprende este viaje.
Tegucigalpa tal vez es un sueño rojo.

Sigue lloviendo
y el humo ya no alimenta
mi estómago.
Extraño los frijoles de la abuela, el ruido de su radio
tratando de buscar la señal.

Extraño el grito de mi mamá,
advirtiéndome de la lluvia.
A mi perro olfateando la cocina, sabiendo que ya no
hay comida.

Tegucigalpa tal vez es un sueño rojo.
Extraño todo, incluso estando aquí.
Sigue lloviendo y mientras abro
la sombrilla,
algo dentro de mí termina cerrándose.

# Boca arriba

Estoy inflado de sueños
que me dan la esperanza
de no quedarme pequeño,
mientras el viento danza

El niño me sonríe,
sin saber que soy tragado.
No me fotografíes.
Niño, déjame en el árbol.

# Despertar en tu cielo Barcelonés

Lo extraño. Ya no quiero amar a quien no amo. Quiero volar hasta Barcelona y hacerle el amor, limpiar las cortinas de su cocina, enredar mis piernas en su espalda y escalarlo sin reproches, despertar en su cielo barcelonés, y mover las olas de Sant Sebastiá con su beso más chiquito. No voy a mentirte, lo he soñado en las calles de Aragón, sin camisa, con un cigarro en sus manos y ni siquiera sé si todavía fuma. ¿Por qué no llamó? Sigo en pausa, y esperándolo para rodar en medio de su cama, y abrazar a sus gatos, aunque las alergias maten mi olfato. Por él, yo dibujo las ciudades góticas, y me convierto en la capital de Castilla y León. ¿Quién puede amarlo como yo? Mi amor, bésame: quiero ser azul, camuflarme en aguas de guerra, nadar desnuda en tinta celeste, que tus manos palpen mis lirios de agua. Yo te encuentro en el reflejo de una golondrina, en la brisa que quema mi discordia contra el amor. Decime, ¿qué querés que haga? Puedo ser comestible: una orquídea de fondant, una charlota de frutos rojos, un flan de chocolate, un sorbete de limón, una tarta de galletas. Al escuchar tu voz de noche y de día, yo olvido que existen las horas, las madrugadas, los libros sin final feliz, las casas abandonadas, las avenidas, las palabras que duelen. Dejame acurrucarme un rato en tu chaqueta, necesito absorber su calor y sentir que soy la única que puede usarla. Te he visto en la angustia, en las risas más fuertes, en las lágrimas más silenciosas. No sé qué hacer, me duele aquí, siento que quiero destrozar cada pedacito de amor que me has entregado. Y no puedo. No puedo porque todo fue mentira, porque no estuve en tus brazos, ni toqué la túnica gris de tus pensamientos. Mis páginas siguen húmedas. Me acobijo con el viento que acompaña tu noche. Sonrío pausadamente al cruzar los escombros de nuestro primer encuentro. Soy nadie, nunca existí o existimos. Aun así, ¿estás ahí? ¿Me permitís acurrucarme en tu resplandor? Mis huesos están crujiendo y creo que tu imagen es el producto más lindo de mi imaginación.

# Oasis

Sangro.
Veo cómo nace un raudal.
Mis débiles huesos
ya no soportan este peso

¿Qué hago?
¿Derribar mi sufrimiento con un puño hacia el vacío?
¿Reír de mi propio embrujo?

Mis piezas se esfuman en esta pausa.
El reloj no tiene números,
marca mis cicatrices.

Tengo ganas de llorar
y no voy a buscar el por qué.
Voy a girar los ojos
de un lado a otro.

Por favor cierra la puerta.
Ya mis líneas están curvas.

No sé si podré resbalarme
en ese agujero.

No sé si podre traspasar la luz de esta ventana.
Lo único que sé
es que un aliento desconocido
ondea las cortinas.

# Descalza

El suelo es frío.
Crecí en el fuego de una nube,
pero el suelo sigue siendo frio.

Niña, yo no lloro por mí.
Lloro porque el florero es de plástico,
por los canarios
que se escaparon de mis manos.

Que no me vean cruzar la puerta
con los zapatos enlodados.
Me prefiero descalza,
hasta salpicar la tierra en otras casas.

Que frío está el suelo,
y yo no sufro nada.

# Yo no me embriago

Yo no me embriago.
Siento el calor en mis piernas,
pero yo no me embriago.

Muerdo los uñeros de mis dedos
y deslizo las piernas en las partes
heladas de las sabanas.

Esta noche no es corta ni larga.
Alguien también está escribiendo,
quien tampoco se embriaga...

# Autofagia

Tengo hambre.
Mis heridas se ven deliciosas

Algo en mí, se marchitó.
Mi lengua está torcida.
Ya solo me queda una mano.

Creo que el postre
será mi pulmón.

# El viejo hombre

Al otro lado de la habitación,
una sombra enmudece.
La fauna en tu iris.

Recuerdas quien es tu padre,
pero no la calle donde
te enseñó a estirar tus tejidos.

Encoges la fogata en tus nudillos
y estiras la sonrisa galáctica
que olvidaste devolver.

Lentamente ahuyentas el aullido
de aquel viejo hombre
que se balancea en tu aro de humo.

## *Carpe diem*

Hoy no veo
bosque viejo
en mi lengua,
ni los versos
que respiro,
en ciudades
retorcidas.

Yo quisiera
destrozar
las columnas
que separan
mi fogata
de mi origen
poético.

Hoy no veo
bosque viejo
en mi lengua,
ni los versos
que respiro
están muertos.

# No puede ser

Tengo muchas dudas
por tu culpa,
todo es tu culpa.

Yo siento esto,
esto que me hace quemar mis tripas,
esto que me hace bailarina
en tu lengua.

Ahora solo pienso en que quiero
que seas vos
quien me quite los calcetines
cuando tenga calor.

# Yo no tengo la cabeza al revés

Dejáme estirar el cuerpo sin mirarme.Me odias cuando te digo *te amo*.Yo soy triste, pequeña e invisible, cuando no dejas que me acerque a vos. Perdón si hablo mucho de mí, perdóname, ya te escuché mucho. ¡Qué perdida me siento!, ¿por qué?, ¿por qué? Me tiemblan los brazos, ¿por qué no me preguntas sobre eso? Perdón, perdón, perdón. Decime, quiero saber, ¿por qué te pido perdón?

# Creo que estoy loca

Ayer enterré una estrella en el jardín. No sé en qué estaba pensando. Creo que estoy loca, olvido mi nombre y los colores de mi casa en miniatura. No reconozco ese reflejo en el agua, voy a comerme la ciudad mientras todos duermen. Yo no quiero dormir, arranco las malas raíces. Me deleita sentir las piedras del pavimento, el polvo que levantan los niños al reírse de una nube con forma de serpiente. Yo creo que estoy loca, mi conversación más larga fue con mi propia sombra. Escribo sin saber qué busco en este mundo retorcido. ¿Alguien me escucha? La poesía no fue una visita, se quedó merodeando en el corredizo de mi casa. No me tengan miedo. Mírenme, me desconozco, es cierto, pero esta locura me hace reír con la panza arriba, con los oídos bien abiertos a la muchedumbre que llora por no encontrar un nido. Ya me gustó estar loca, loca por los espirales galácticos, por un beso de amor que no me pertenece, por el invierno que no trae nieve. Ya me gustó estar loca, escribo para conocerme, desconocerme, para perderme, para encontrarme.

# Maullarte

Quiero ser una gata,
tumbarme en vieja lana
y maullar aunque no tenga hambre.

Yo quiero calor.
No sé qué hacer cuando comienzo
a llorar, no sé cómo abrazarme.

Quiero ser una gata
y afilar mis uñas en un sillón ajeno,
escalar paredes húmedas
y maullar,
aunque ya no esté lloviendo.

# Buenos días, mi amor

Se preparar café, pero hago un desastre en la cocina, no me gusta levantarme temprano ni tampoco abrir las ventanas para que entre luz por las mañanas. Detesto estar descalza cuando no te veo descalzo, adoro estar descalza cuando estás ausente, así imagino que mis pies juegan con los tuyos. Me gusta hacerte miles de preguntas, aunque no sepas las respuestas. Me querés y te quiero, te quiero y me querés. Podría escribirte un poema de tres páginas y media, hablando del sonido de tu risa, de tu indiferencia disfrazada de resentimiento, de tu silencio cuando te digo que te quiero a morir, de tus perros que me ladran cuando volteas a la cocina, de tu enojo cuando no te doy atención, de tus besos chiquititos que me das en los pulgares. Yo podría llenar tus cuadernos de poesía, poesía tuya y mía, mía y tuya. Poesía que sólo yo puedo escribirte, que sólo yo sé lo que significa, y lo que se siente cuando la lees y no la respondes. Sólo yo puedo llorar en estos versos y levantarme en el fuego de tu almohada, fingiendo que nada ha pasado, que todo ha pasado. Este amor, amor este, que solo yo puedo poner en palabras.

# Todos duermen

Sigo despierta en arenas movedizas,
todos duermen sin preocuparse
del ruido en sus zapatos.

No conozco a nadie,
y nadie se conoce.
Tienen una máscara
detrás de sus manos de arcilla.

Profundamente y sin abrir los ojos,
tambalean en una cuerda invisible.
Piensan en cruzar hacia el otro lado,
sin haber abierto su jaula antigua.

## Abriendo las alas a destiempo

Traspaso la compuerta
de mis dibujos transparentes.

Desconecto mi orbita
de esta tierra hechizada.
Lentamente cubro mis escamas
con tinta carmesí.

Observo el anzuelo
bajo la luz de la lámpara.
Las larvas en mis pantalones
siempre fueron ajenas.

No me queda nada más que revivir
las memorias de mi núcleo inacabado.

# Dimensión abstracta

Saludo a mi otro yo,
con las pupilas enraizadas

Mis amigos conocen
su propio portal.
Abro mi abanico en llamas,
marchando sin cordura,
en las murallas celestes
de Tegucigalpa.

A lo lejos veo a una niña
que vigila los cimientos
de su pequeña casa.
Le robaron las hojas,
    las fuertes raíces, las colinas, el amanecer.

Y en la orilla del mar
que ella misma dibujó,
juega con la arena negra
que esconde bajo sus pies.

*Mais, qui est coupable ?*

*Je suis le souvenir d'une nuit imaginée.*

# ¿Quién lo hizo?

Soy el recuerdo de una noche imaginada.

# Olvidé cómo escribir poesía

Olvidé cómo escribir poesía. Seré honesta, nunca la entendí. La hoja sigue en blanco, y ya no quiero sentarme en la ventana y estrangular a mi yo poético hasta que dibuje pájaros en venus. A mí lo que me gusta es caminar por las calles capitalinas, con mi vestido al revés, sin los pelos amarrados, y con un hambre que me haga recitar hasta tener treinta pesos en la bolsa, comprarme un lápiz y papel para escribir diez poemas que me van a dejar con la misma hambre, pero no con la misma tristeza de ayer. ¿Y qué si todavía no he publicado un libro? No me lean, lo que escribo no es poesía, yo no soy poeta de museo, a mí lo que me gusta es leer un libro empolvado, perseguir amapolas que no son mías, imaginar que me deslizo en los filamentos largos y delgados de los cirros, columpiarme en las telarañas de mi refrigerador, sin esperar nada a cambio, sonreírle al señor que no ha vendido sus bolsas con agua, a la señora que duerme en cartones pensando que se broncea en la playas de los Cayos cochinos. Y si me ven delirando, no me tengan lástima, es la poesía que no me deja dar tres pasos sin pensar en las migajas de pan que no han sido recogidas, en la crisálida que todavía no se rompe, en la fosa eclipsada que se esconde en mis pequeños ojos. Estoy cansada, mi espalda se ha pegado a la silla, hay versos que mi lengua ya no puede deslizar. ¿Dónde estoy? No encuentro el camino a casa, es estrecho el bulevar. Me desconozco, la hoja continua en blanco, y mis dedos se han retorcido. No puedo avanzar sin que la sombra de un árbol me invoque para trazarlo en una utopía, sin que una libélula rodee el fango en mi cabeza. ¡Ya déjame en paz poesía! Esta noche quiero dormir panza arriba, embriagada de versos ajenos, distorsionando las fotografías de nuestro primer encuentro. ¿No entienden? Cuando nací no vine envuelta en dalias, y cuando por fin aprendí a masticar las vocales, lo único que me entretuvo fue dibujar espirales en los libros de mi mamá, ocultarme en el ápice de una hoja primaveral, sumergirme en el charco del vecino hasta ensuciarme completamente, y llegar a la casa, fingiendo que había cruzado el amazonas. ¿Y qué si ya olvidé cómo escribir poesía? No sé ni qué hora es, aunque creo que siempre fui poesía, pero no la quiero entender.

## Nacer

Hubo un tiempo
en el que la calle era más extensa
que mi pensamiento sobre cómo
caminar en ella.

# Sepultura ajena

Desperté
calcinando en una nube,
mis aguas danzaban
sin poder apagarla.

Tu voz de fantasma
hacía temblar
a mi húmedo túnel

Con espinas en los párpados
dibujé tu última sonrisa.

# Nos vemos mamá

Saquen la basura,
cierren las puertas con doble llave,
no abran las ventanas,
deja que el perro ladre.

La noche está fría,
no te peines el pelo frente al espejo
y no te rías mucho, mi niña blanca,
que vas a morir en el eco
de tus carcajadas.

¡Qué todo salga bien!
Mientras despertás en la mañana,
que el rocío se pegue
en los pliegues de tu falda.

Recordá llevar sombrilla,
incluso si no llueve.
Recordá llevar reloj,
incluso si no sabes leer las agujas.

Nos vemos mañana, mi niña blanca,
ojalá en la tarde haga sol,
para que se seque tu bufanda.

# Aquí me río dichosa

Mis versos nacieron en el aleteo de una mariposa negra. Cuando inhalo el sereno de su anochecer yo no muero, me rio dichosa de esta felicidad que solo encaja en el vapor de una sopa dominguera, en las hojas de plátano, en la tortilla de maíz que se infla con un palmoteo rítmico, que enternece mi apetito. Esta felicidad con la que vivo, solamente encaja con los macuelizos que florecen en el verano, con los niños empolvados que juegan a la casita, en medio de otros árboles. Cuando estoy triste, no busco encogerme, estiro mi cuerpo en la arena blanca, dejo que me habiten peces en los oídos, en las palmas de mis manos, yo no quiero olvidar de dónde vengo. Aquí vivo, en la tierra del Cacique Lempira, del general Morazán, en la tierra de los volcanes dormidos, en la tierra de Roberto Sosa, de Clementina y Juana La Loca. Yo no voy a olvidar de dónde vengo, tengo impregnado en mi nariz el olor a manzanilla, a pan recién hecho. Yo no voy a olvidar de dónde vienen mis versos, aquí me rio dichosa sin nudos en los dedos.

# Invierno fugaz

Extraño confundirlo con el reflejo de un ave, deslizar las ventanas y sentir la misma gélida brisa que rozó sus pómulos. Frotar mis manos e imaginar que su aliento las abriga, encogerme de hombros, mientras cruza la acera.

# En el temblor de mis entrañas

Otra vez
tengo mucha hambre.

Mi mamá está envuelta
en sus sabanas delgadas,
yo sólo la observo
estrujar su tristeza en silencios
pausados.

Suspiro en el temblor de mis entrañas.
Tal vez mañana despierte flotando
en un caldo cremoso,
o entre las mantas bordadas
que se manchan con mis lágrimas.

# Algo que sólo vos entendés

No sé dar direcciones, ni leer las manecillas del reloj sin sacar mis dedos para contarlos, no sé cómo preparar tu pasta favorita o el postre que te hace dar saltitos como un niño con su cometa de colores. Olvido fácilmente cuál es la diferencia entre un saco de mujer y uno de hombre —¿Si los botones están a la derecha es de mujer?—. También olvido las reglas del ajedrez aunque me lo expliques miles de veces —¿Quién es el primero en mover las piezas?, -¿En qué dirección es que se movía el caballo?—. No recuerdo cuáles son los acordes de la guitarra, y no podés culparme, porque cuando intentás enseñarme me concentro en tu mandíbula, en tus ojos tan pequeños y negros y en cómo encajan con tu nariz recta y bien dibujada. Vos tocabas y me hablabas y yo solo pensaba en tus manos largas y talladas, en tus dientes perfectamente colocados, en que necesito pintarte en mi pared y esconder mis carcajadas bajo tu camisa y en el hueco de tus narices, en robarme tu sombra, y costurar una bolsa más grande en mi *bluyín,* para que quepa tu sonrisa. ¡Ah! y en la envidia de querer ser esa guitarra color azul. Pero ya, hablando en serio, ¿de qué lado van los botones si el saco es masculino? Te pido perdón por distraerme cuando vas a explicar las reglas del dominó, la historia del Cacique Lempira, o de Ramón Amaya Amador y su muerte en Bratislava. Me gusta dormir toda la tarde en tu sillón, oír tus quejas y tus gritos de ovación cuando ves futbol americano, acompañarte al supermercado y reír al chocar mis zapatos con los tuyos, ir de paseo al centro de Tegucigalpa y ver a las palomas buscar granos y semillas entre las grietas del suelo, y oír su arrullo mientras se reúnen, volando en espiral sobre la catedral. Me da miedo nadar, saltar en *canopy,* los números pares o impares, naturales, primos, racionales, y escuchar canciones de amor si vos no estás a mi lado. Vos me querés, y yo continúo diciéndole número a la T y letra al 7, confundiendo el nombre de Mariantonieta con el de Blancanieves, dejando caer el casco de tu moto cien veces por accidente, olvidando tus sombrillas en los centros comerciales, manchando tus pantalones nuevos de aceite. Solo vos entendés mi amor a vos. Y yo te quiero, mi amor, te quiero tanto, que te extraño cuando vas a servirme agua a la cocina, cuando te quedás en silencio, cuando no sé si el saco de la silla es tuyo o mío. Yo te quiero, mi amor, te quiero aunque no sepa dar direcciones.

# Diego

*Para Diego Mencía*

Sé que ya no vas a volver, incluso si te pido perdón miles de veces. Tu cuerpo dentro del cristal, me atormenta. Te sueño riendo, corriendo entre las ramas secas del colegio, que se volvió una jaula, donde ni siquiera puedo mencionar tu nombre sin que alguien me silencie. Es triste, amigo, pienso que nadie quiere recordarte. Las huellas de tus zapatos fueron borradas por la lluvia que nadie pidió. Una sombra visita mi puerta todas las madrugadas, pero sé que no sos vos; si fueras vos me asustarías por la espalda. No puedo hacerte regresar. No debí dejarte fumar, ni tampoco beber de un vaso que no era tuyo. Ya no tengo otra oportunidad para salvarte de tu espiral de la muerte. No te ahogaste,te ahogamos.

## *L'escalier* de la *mort*

*Je suis le pleur du chemin gris*
*L'heure triste dans le miroir*

*Dans l'écho de mon âme*
*Se trouve l'escalier de la mort*

*Petit à petit, je vois*
*Les remparts de mon bureau.*

# La escalera de la muerte

Soy el llanto del camino gris,
la hora triste en el espejo.

En el eco de mi alma
se encuentra la escalera de la muerte.

Poco a poco, yo veo las murallas
de mi escritorio.

## Un sitio aparte

Estoy en este mundo, en la ciudad roja, y agrietada, gritando con el cuerpo, escribiendo con los ojos. No me digan que voy a morir, seré poeta en un frasco si me dicen que voy a morir. Yo voy a vivir a través de los versos, quiero que las polillas se coman mis libros.

# Mi madre

Cuando nació,
abrió sus manos entumecidas
y le entregaron
Uua mariposa alas de pájaro.
Dormidita en su petate,
le hablaron de los aviones de papel,
de los trenes imaginarios.

# Tu casa

Que alguien me saque de esta casa, tu casa. ¿Dónde está mi esqueleto? Vengan, mírenme, ya dejé caer la mesa de vidrio y restregué mis manos en sus escombros. ¿Qué más hago? Yo no puedo decirte que me quiero más a mí. Me da miedo tu casa, las puertas de tu casa, que sólo vos podés cerrar y abrir. Estoy quieta, muy quieta en tu silencio, ¿se me permite llorar? No, no, no, no, qué tristeza Dios mío, cuando vaya a dormir sentiré que estás a mi lado, otra vez callado, y yo con los ojos hinchados. Qué risa me das, qué risa me doy. No vas a sentir nada si me voy, no te vas a esconder bajo la almohada para llorar. Qué risa, no podés comprenderme y yo no puedo pedirte que lo hagás. Tu casa, sólo tu casa, ¿me dejás salir ya?

## *Suis-je invisible ?*

*Je n'ai pas des feuilles sèches dans mes lèvres,*
*je dors dans l'écume de mer avec les yeux ouverts.*

*Il y a longtemps que j'ai déterré les étoiles rouges,*
*maintenant la lumière de ma fenêtre m'embrasse.*

*Je demande à ma mère, "suis-je invisible*
*pouvez-vous me voir ?"*
*Et comme un lynx boréal, je m'aventure en sautant*
*aux paroles de ma poitrine.*

*Dans mes rêves, je n'entends pas les fantômes.*
*Maintenant je sais, je ne suis pas le pleur du chemin gris*
*l'heure triste dans le miroir a terminé.*

*Mes mains tremblent, au loin je peux écouter*
*à ma mère dire*
*"Tu n'es pas invisible ".*

# ¿Soy invisible?

Yo no tengo hojas secas en mis labios,
duermo en la espuma del mar,
con los ojos abiertos.

Hace mucho tiempo que desenterré las estrellas rojas,
ahora la luz de mi ventana me abraza.

Le pregunto a mi mamá:
*¿soy invisible, puede verme?*
Y como un lince boreal, me aventuro saltando
    a las palabras de mi pecho.

En mis sueños, no escucho a los fantasmas,
ahora lo sé, ya no soy el llanto del camino gris,
    la hora triste en el espejo terminó.

Mis manos tiemblan, a lo lejos puedo escuchar
    a mi mamá decir
*No sos invisible.*

# Todo en su lugar

Cierro mis ojos.

Todo está en su lugar, las flamas en la punta
de los pies,
el aire atascado en los pulmones.

Escalo lentamente sobre tu pecho,
como una mantis religiosa
y dibujo remolinos muy cerca de tu núcleo.

Cuando enredas mis cabellos entre tus dedos
Te hago preguntas:
¿Me amas?
¿Qué hora es?

Abro mis ojos.

Todo sigue en su lugar, excepto la habitación,
que se desliza hacia el patio para acurrucarse
en la hojarasca

El cielo puede hablarme y abrirme un pequeño
espacio en su mapa estrellado.
Pero vos no podés hablar y tampoco
danzar sobre la hierba, te quedas inmóvil,
después de escuchar que TE AMO.

# Conversaciones

Mi cuerpo es de papel
que envuelto en tus manos
tiene forma de dragón.

## Énfasis sutil

Apaguen las luces,
y no traten de adivinar
cuál es mi sombra.

# Adiós

Yo creo que puedo dejarme caer,
que me lleve el viento, no sé a dónde.

Yo no prometo nada, y nadie promete quedarse
    a mi lado

Respiro aire seco.
¿A quién le pertenece?

# Rugir en silencio

Si estrujas sus huesos,
de su polvo nacerá una golondrina que va migrando
sin miedo
y sin horizontes.

## La niña de espuma que nunca llegó a la orilla del mar.

Todavía vive en mí, la niña de espuma que nunca llegó a la orilla del mar. Afuera de su casa ladraban perros que jamás había visto, creía que la escuela era un cementerio de niños que nunca leyeron un libro. Escalaba los palos de mango, sin permiso del vecino, y se preguntaba: ¿Cómo caben tantas personas en la televisión? ¿Por dónde entran o por dónde salen? Le gustaba hacer sombras con las manos: un pájaro que no vuela, un caracol que sube por la almohada, o un conejo sin oreja. Aprendió a lamerse las heridas hasta dejar de sangrar, a obedecer a su abuela si la veía correr con una vara de junco. Y cuando la poesía le dio su primer beso, se convirtió en una medusa fantasma, en las petunias que despliegan el verano, en el humo que bosqueja mirlos en el adobe, en la hoja de otoño que cruje al escuchar el mar que nunca llega. ¡Qué niña tan inquieta! No pongas los ojos al revés, mi niña de espuma, deja que exploten tus burbujas y salí de ese acuario de agua fría.

## *En retard*

*Aujourd'hui, je vais faire une sieste*
*Sur l'herbe, sans dire rien à l'ordre mauvais de mes propos*

*Je deviens une libellule*
*Qui s'écrase avec d'autres libellules*

*Je regarde la jeune fille*
*Qui ne veut pas marcher seule*
*Dans les rues, avec son corps dessiné en couleurs blanc et noir*

*Je me demande pourquoi je suis en retard pour l'aider.*

*"Merci " dit-elle, mais je me déteste.*

# Llegué tarde

Hoy duermo una siesta sobre la hierba,
no le diré nada al orden malvado de mis palabras.

Me convierto en una libélula
que choca con otras libélulas.

Miro a la muchacha
que no quiere caminar sola
por las calles,
con su cuerpo dibujado
en blanco y negro.

Yo me pregunto por qué llegué tarde para ayudarla

*Gracias* me dice ella,
pero yo me detesto.

# Despertar en la noche

Veo el fantasma de un pájaro
absorber el calor de mi manto.

La habitación está girando.
¿Por qué se han congelado las agujas del reloj?

No encuentro las palabras para derribar las murallas
de esta prisión

Todo es borroso.
No comprendo las distancias
para llegar a ti.

No me mires, no sé quién eres
¿Quién soy?
¿Por qué tus manos abrigan las mías?

Alguien grita en el interior de mis fotografías.
Tiene una sonrisa en su iris,
¿quién es su madre?

Las agujas del reloj siguen congeladas. No recuerdo haber crecido en las flores ni tampoco el reflejo de mi esfera celeste

No me mires, no sé quién eres;
pero no me abandones.
Todavía vive la primavera en mis huesos.

# Yo soy

Yo soy una mujer que ama mucho y que escribe poesía aunque no quiera hacerlo. A veces me tumbo en la cama, queriendo arrancarme el corazón, y encogida en los resortes, necesito llorar hasta sentir que las lágrimas no son mías. Yo soy una mujer que ama mucho, y te pido disculpas si te he transformado en poesía.

# Thiara Marcell Flores Díaz

Nació en Tegucigalpa el 17 de octubre del 2001. Estudiante de la carrera de Lenguas Extranjeras con orientación en la enseñanza del francés en la Universidad Nacional Autónoma de Honduras. Desde muy pequeña se interesó en los idiomas, y en los cuentos fantásticos. Comenzó a escribir poesía a la edad de 16 años. Es miembro del colectivo Letra Ele, colectivo dedicado a crear eventos, encuentros y espacios de lectura y escritura creativa seguros, inclusivos y abiertos para la juventud y niñez hondureña. Es ganadora de cinco concursos nacionales de poesía, tercer lugar en el "Torneo de poesía Slam" organizado por el CCET, primer lugar en el reto poético "Poesía declamada en ocasión del día mundial de la poesía" organizado por el MIN, tercer lugar en el concurso de poesía "Dra Ana Lina Lizardo" "Poemas para la Demencia, el olvido y la nostalgia", Mención honorifica del concurso de escritura "Al escribir, filosofamos" en la categoría poesía organizado por la asociación de estudiantes de la carrera de filosofía de la UNAH, y primer lugar en el concurso de "psicotalentos" categoría poesía organizado por la carrera de psicología de la UNAH.

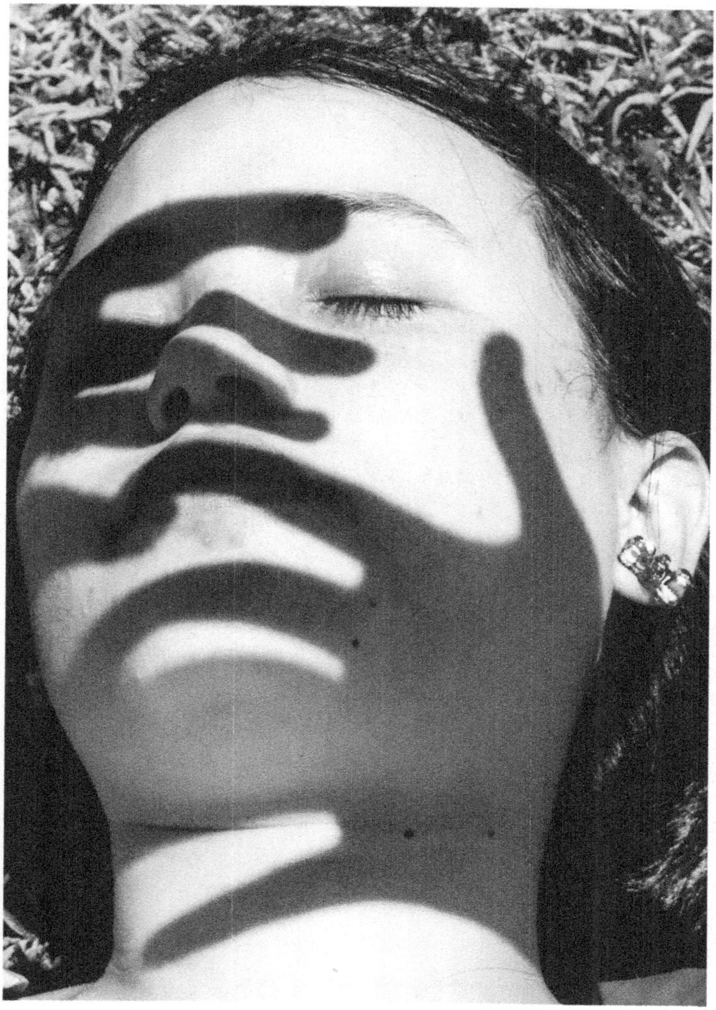

## Suscriptores de honor

Carmen Mariza López Torres
Denia Catalina Matamoros
Diana Claudeth Sabillón
Digna Gloria Buezo Rodríguez
Elmer Orleni Fernández Herrera
Fani Suyapa Sevilla Rivera
Joanna Marie Aguilar Andino
José Jorge Mejía Sú
Karla Gisela Espinoza Velásquez
Lorena Osiris Suazo Alvarenga
María Teodora Vargas Gutiérrez
María Trinidad Sánchez Pineda
Martha Alicia Rodríguez Moncada
Mery Yolany Santos Herrera
Miguel Antonio Barahona
Nery Alexis Gaitán Guzmán
Norma Isolina Lara Erazo
Waldina Bernadeth Mejía Medina
Wendy María Cálix Lanza
Yanira Lizeth Durán Paz

# Índice

Un jurado integrado por los poetas Heidy Marroquín, Perla Rivera y Armando Maldonado otorgó por unanimidad el primer Premio Universitario de Poesía Amanda Castro a la poeta Thiara Marcell Flores, estudiante de Lenguas Extranjeras del campus Ciudad Universitaria en Tegucigalpa.

*Descalza en tegucigalpa*
Thiara Marcell Flores


*Director Editorial Efímera*: Salvador Madrid.
*Editor en Jefe de Editorial Efímera*: Néstor Ulloa.


*Rector*: Francisco José Herrera Alvarado.
*Vicerrectora Académica:* Belinda Flores de Mendoza.
*Director Editorial* UNAH*:* Carlos Ordóñez. *Diseño de portada y Diagramación:* Arnold Mejía. Una edición en colaboración con la Editorial UNAH de la Universidad Nacional Autónoma de Honduras
*Fotografías:* Clarissa Donaire.
ISBN: 978-99979-75-01-0
Printed in USA

Made in the USA
Monee, IL
08 November 2026

68085077R00049